Este libro pertenece a
_____

Copyright © 2021 Emily J. Muggleton

Todos los derechos reservados. Ninguna parte de esta publicación podrá ser reproducida, distribuida o transmitida en forma alguna o por ningún medio, incluidas fotocopias, grabación u otros métodos electrónicos o mecánicos, sin la autorización previa por escrito de la editorial, excepto en el caso de breves citas incorporadas en reseñas críticas y algunos otros usos no comerciales permitidos por la ley de derechos de autor.

Primera impresión, 2021
ISBN:978-1-7364118-0-3

Instagram: @emilymuggleton

Traje Espacial SK1

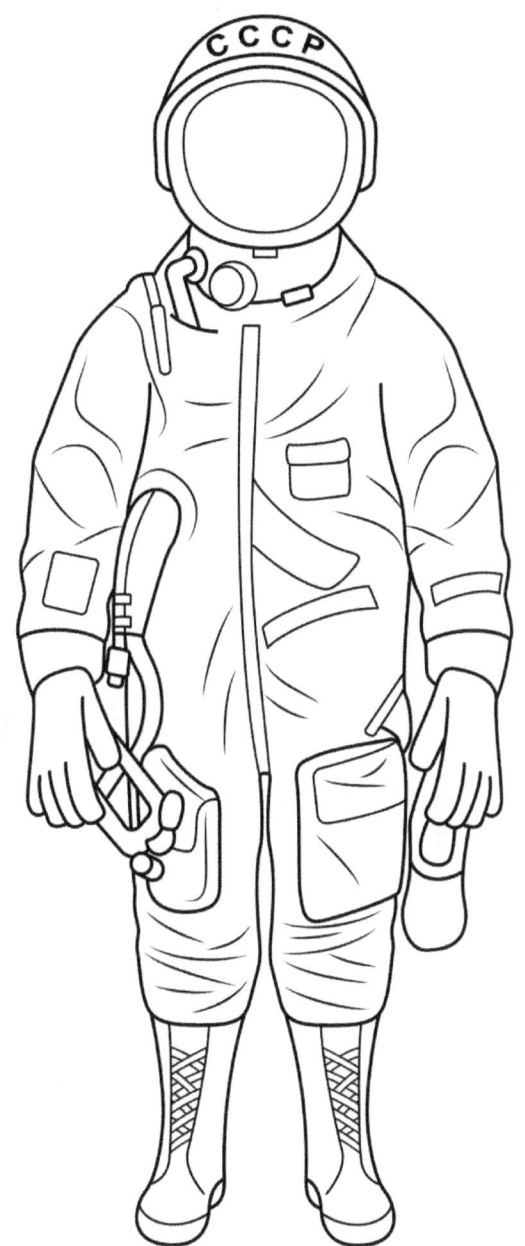

Origen: Rusia

Fecha: 1961 - 1963

Misiones: Vostok 1 - Vostok 6

Función: Actividad intravehicular (IVA) y Eyección

Dato: El primer traje espacial utilizado

Traje Espacial SK1

Traje Espacial Mercurio

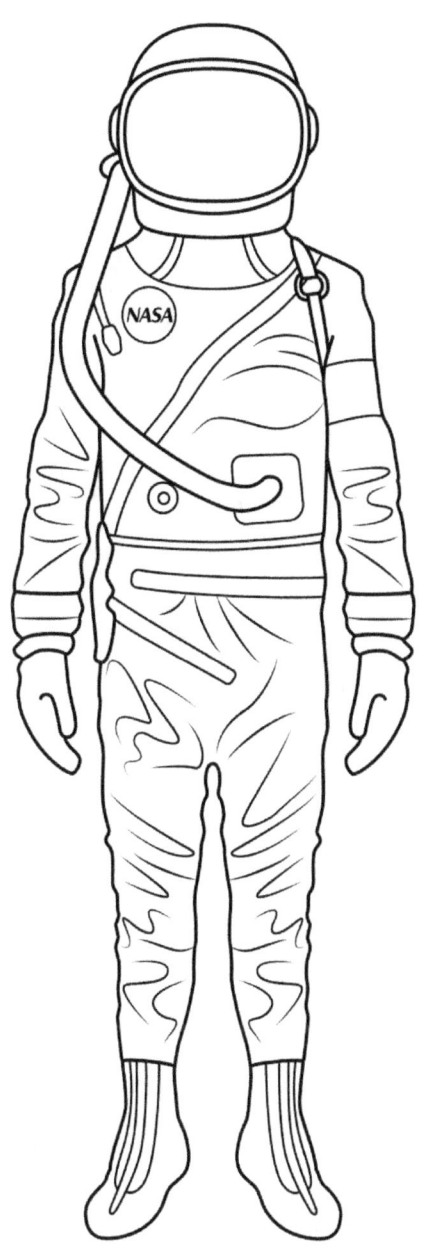

Origen: EE.UU.

Fecha: 1961 - 1963

Misiones: MR-3 — MA-9

Función: Actividad intravehicular (IVA)

Dato: Utilizado por el primer programa de hombre en el espacio en los Estados Unidos

Traje Espacial Mercurio

Traje Espacial Berkut

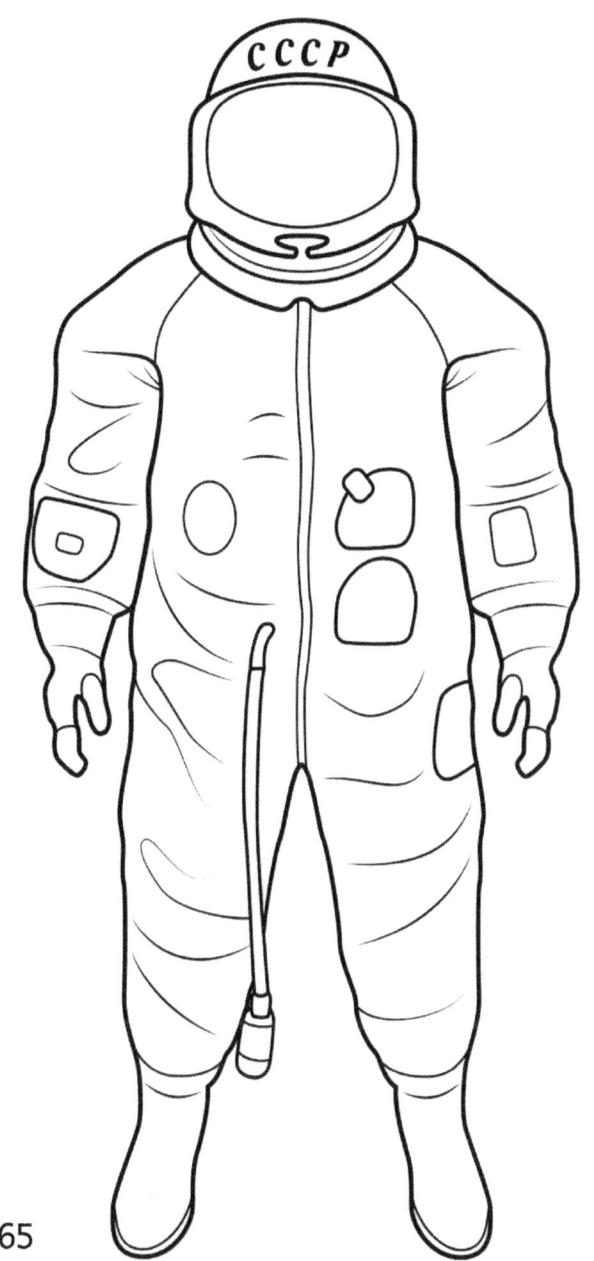

Origen: Rusia

Fecha: 1963 - 1965

Misiones: Voskhod 2

Función: Actividad intravehicular (IVA) y actividad extravehicular (EVA)

Dato: Usado por el cosmonauta soviético Alexi Leonau para la primera caminata espacial

Traje Espacial Berkut

Traje Espacial Gemini G3C

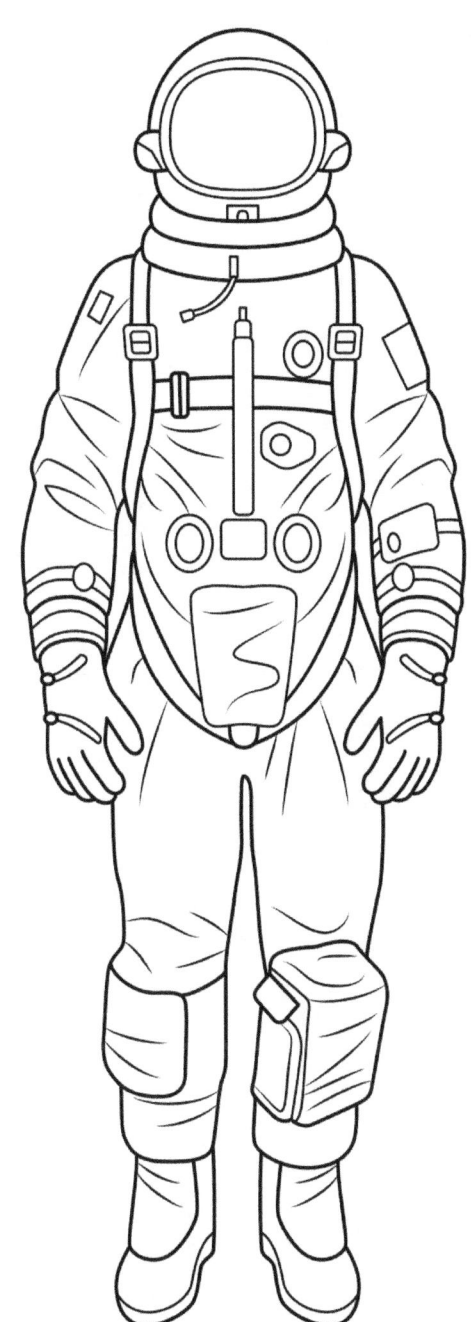

Origen: EE.UU.

Fecha: 1965 - 1966

Misiones: Géminis 3,6 y 8

Función: Actividad intravehicular (IVA)

Dato: El sistema de traje incluía paracaídas y sistemas de flotación para mejorar la supervivencia de la tripulación

Traje Espacial Gemini G3C

Traje Espacial Gemini G4C

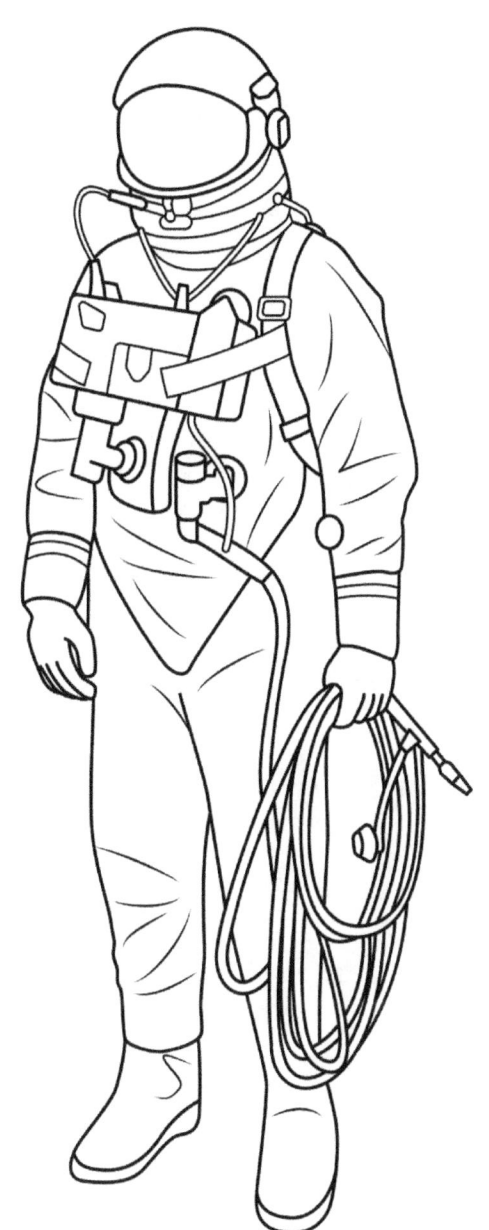

Origen: EE.UU.

Fecha: 1965 - 1966

Misiones: Géminis 4-6, 8-12 y 8

Función: Actividad intravehicular (IVA) y actividad extravehicular (EVA)

Dato: Usado por el astronauta estadounidense Ed White para la primera caminata espacial estadounidense

Traje Espacial Gemini G4C

Traje Espacial Krechet-94

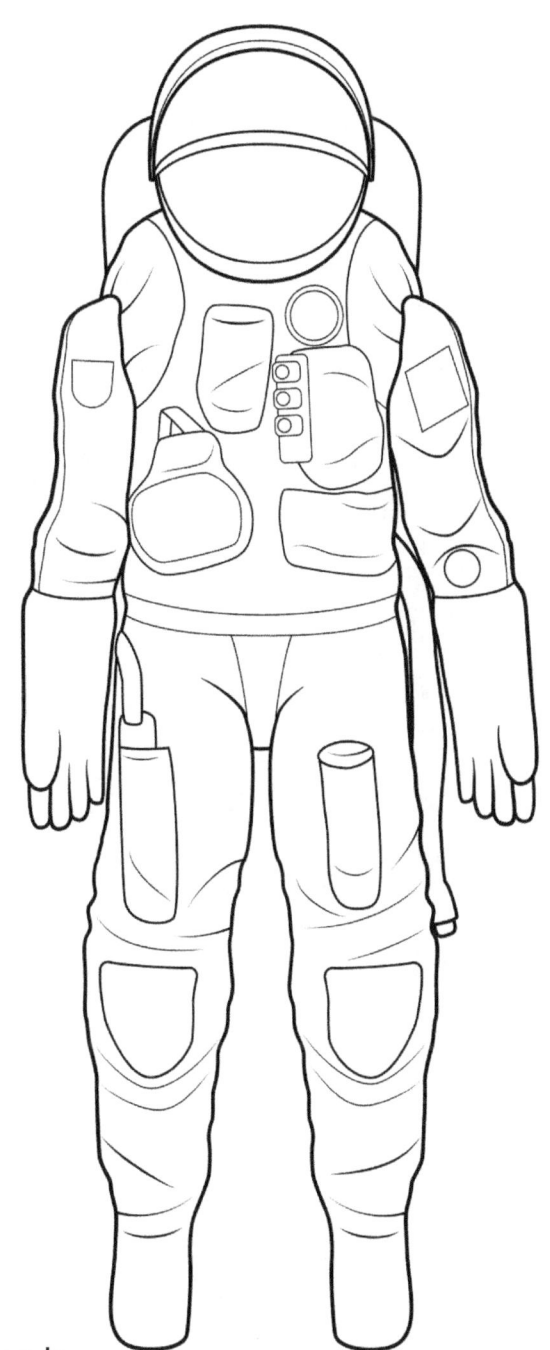

Origen: Rusia

Fecha: 1967

Misiones: Nunca usado

Función: Actividad extra-vehicular lunar (EVA)

Dato: Desarrollado para la excursión lunar durante el programa lunar tripulado soviético

Traje Espacial Krechet-94

Traje Espacial Apollo 11 A7L UEM

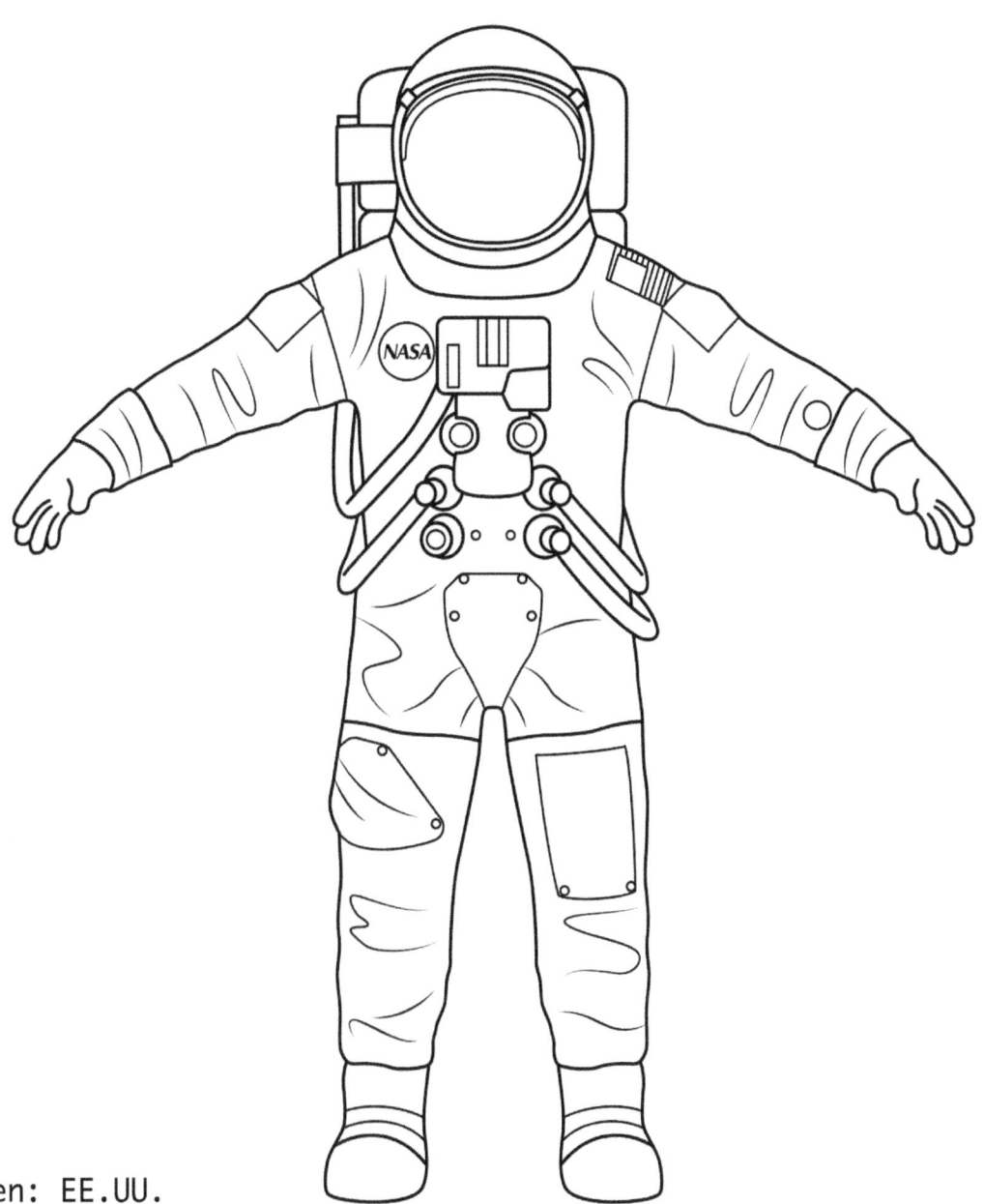

Origen: EE.UU.

Fecha: 1961 - 1972

Misiones: Apolo 7-14

Función: Actividad extra-vehicular lunar (EVA)

Dato: Usado durante el aterrizaje lunar del Apolo 11 por los astronautas Neil Armstrong y Buzz Aldrin

Traje Espacial Apollo 11 A7L

Traje Espacial Apollo 11 A7L UEM

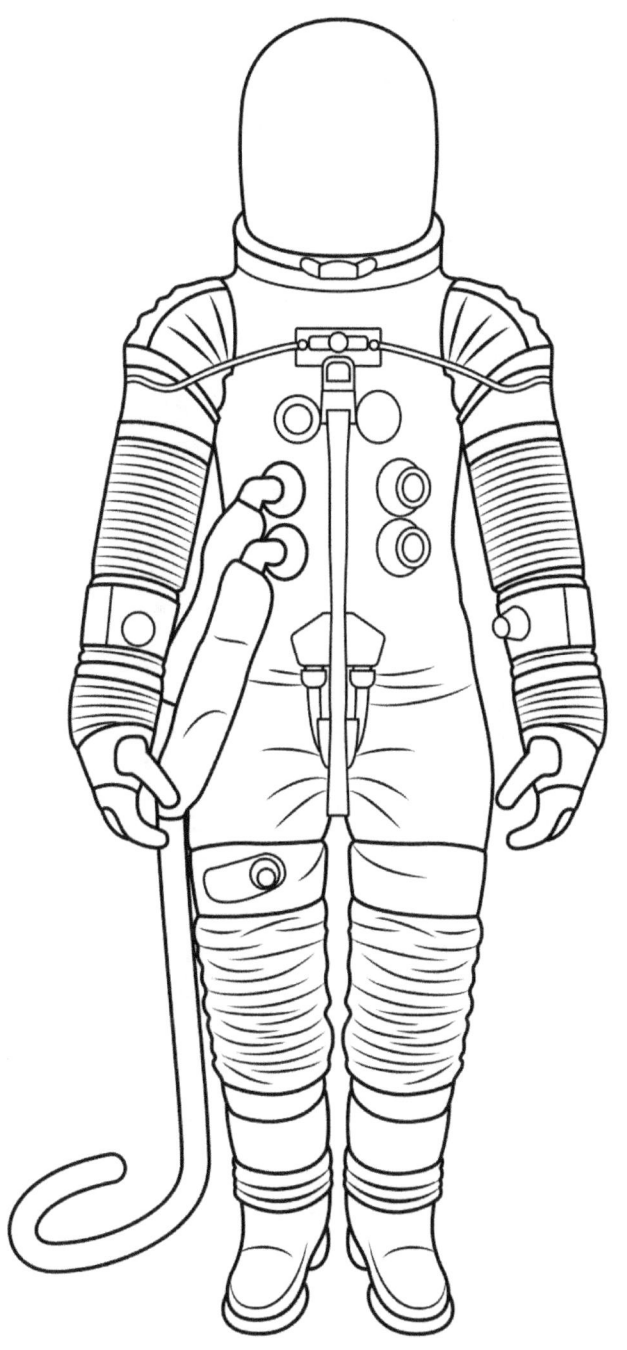

Traje espacial Apolo 11 A7L EMU con la capa externa y el ensamblaje de la visera removidos

Traje Espacial Apollo 11 A7L UEM

Traje Espacial Sokol

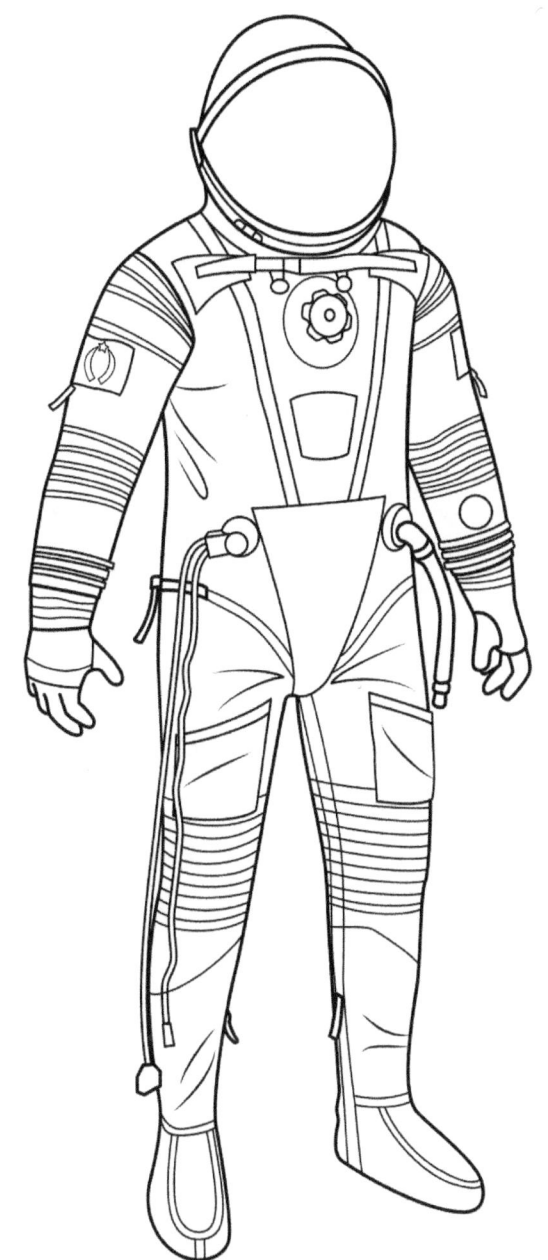

Origen: Rusia

Fecha: 1973 - Actualidad

Misiones: Soyuz 12 - Actualidad

Función: Actividad intravehicular (IVA)

Dato: Usado por la tripulación de la nave espacial Soyuz durante el lanzamiento y el regreso

Traje Espacial Sokol

Traje Espacial Orlan

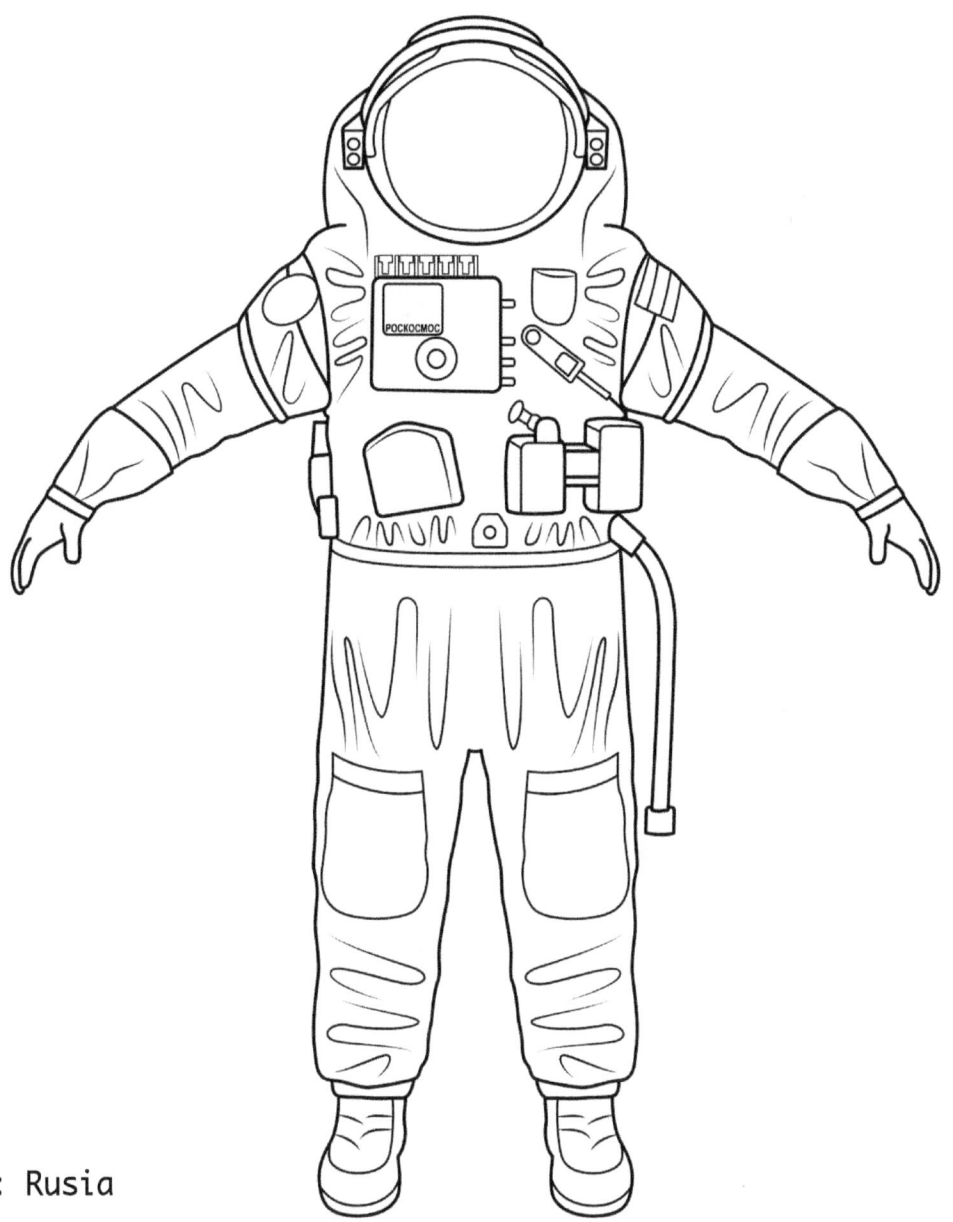

Origen: Rusia

Fecha: 1977 - Actualidad

Misiones: Soyuz 26 - Actualidad

Función: Actividad extravehicular (EVA)

Dato: Se han creado siete modelos del traje Orlan, el último modelo Orlan-MKS se está utilizando hoy en día en la Estación Espacial Internacional

Traje Espacial Orlan

Traje Espacial de Escape de Expulsión del Transbordador

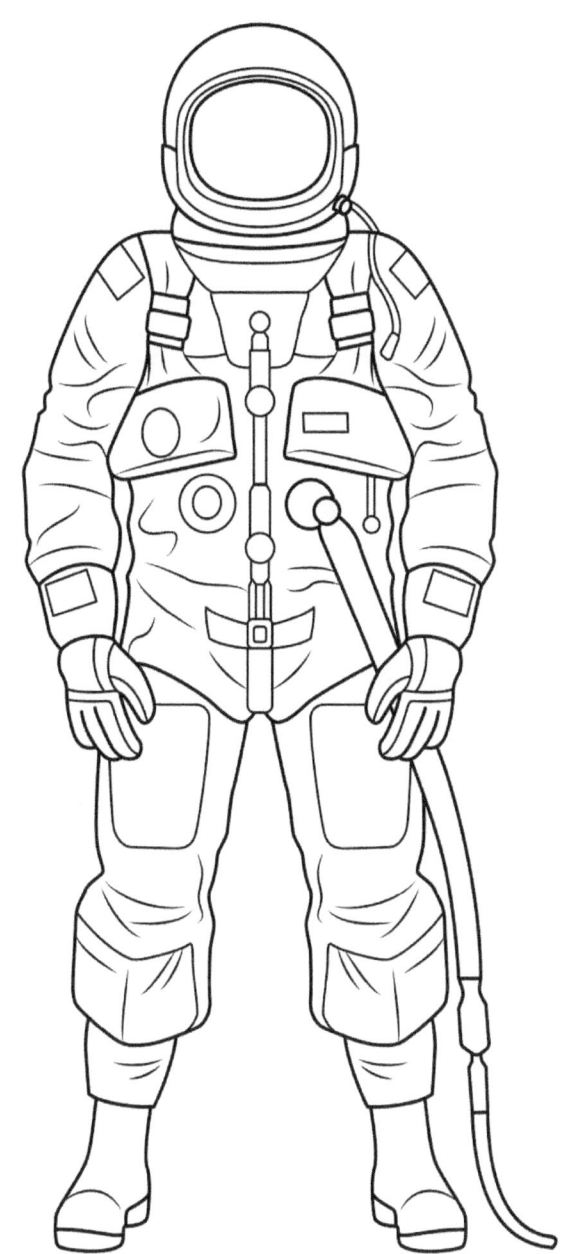

Origen: EE.UU.

Fecha: 1981 - 1984

Misiones: STS-1 – STS-4

Función: Actividad intravehicular (IVA) y Eyección

Dato: Versión modificada de un traje de presión de alta altitud de la Fuerza Aérea de los Estados Unidos

Traje Espacial de Escape de
Expulsión del Transbordador

Traje Espacial de la Unidad de Movilidad Extravehicular (UEM)

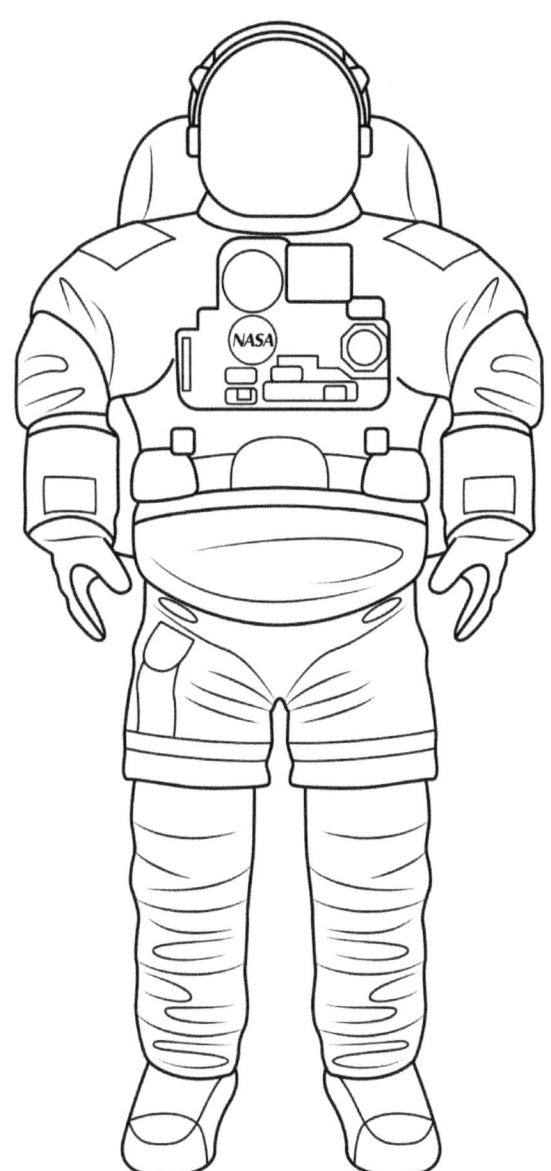

Origen: EE.UU.

Fecha: 1981 - Actualidad

Misiones: STS-6 - Actualidad

Función: Actividad extravehicular (EVA)

Dato: Proporciona protección ambiental, movilidad, soporte vital y comunicaciones para los astronautas cuando están fuera de la nave espacial

Traje Espacial de la Unidad de Movilidad Extravehicular (UEM)

Traje Espacial de Escape de la Tripulación Avanzada (ACES)

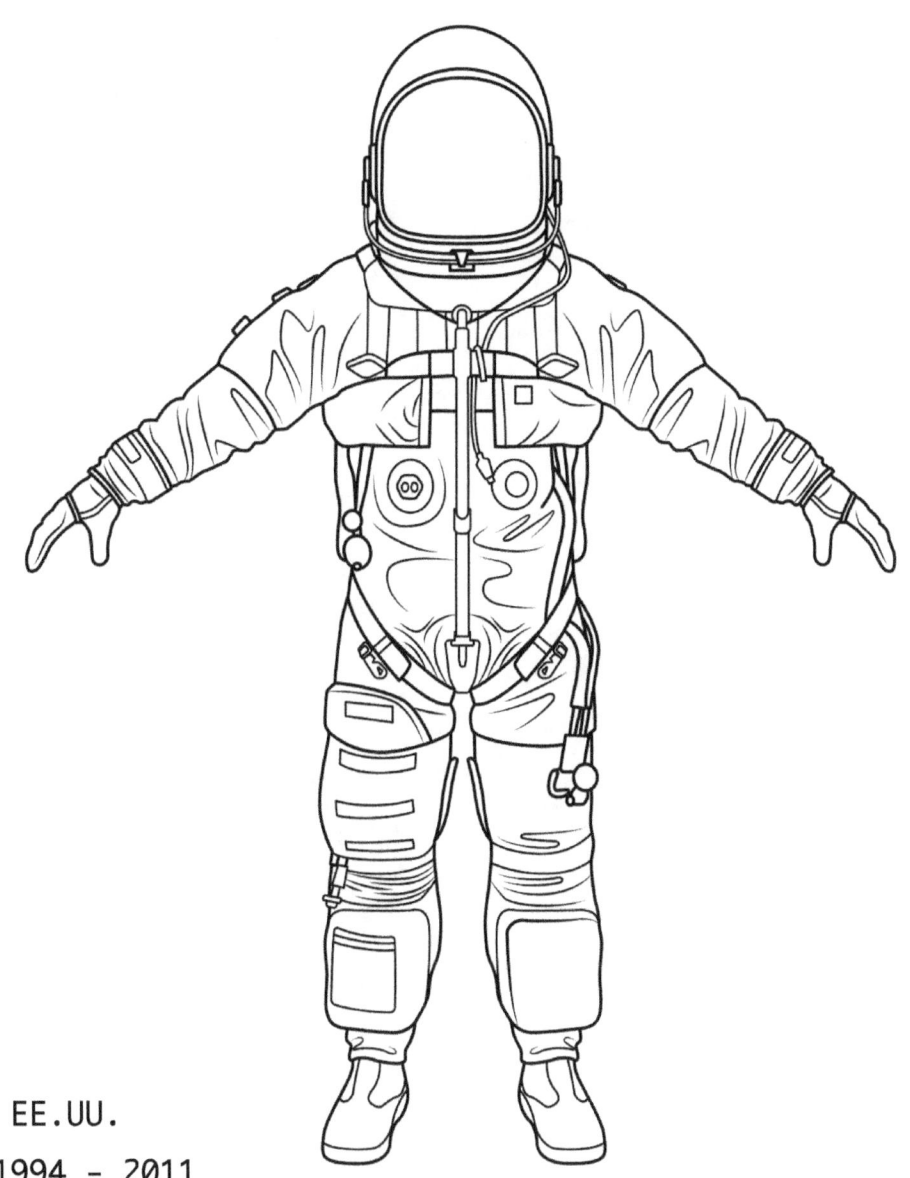

Origen: EE.UU.

Fecha: 1994 - 2011

Misiones: STS-64 – STS-135

Función: Actividad intravehicular (IVA)

Dato: Conocido como el "Traje de calabaza" debido a su brillante color naranja que permite ver a los astronautas si aterrizan en el océano

Traje Espacial de Escape de la Tripulación Avanzada (ACES)

Traje Espacial Feitiano

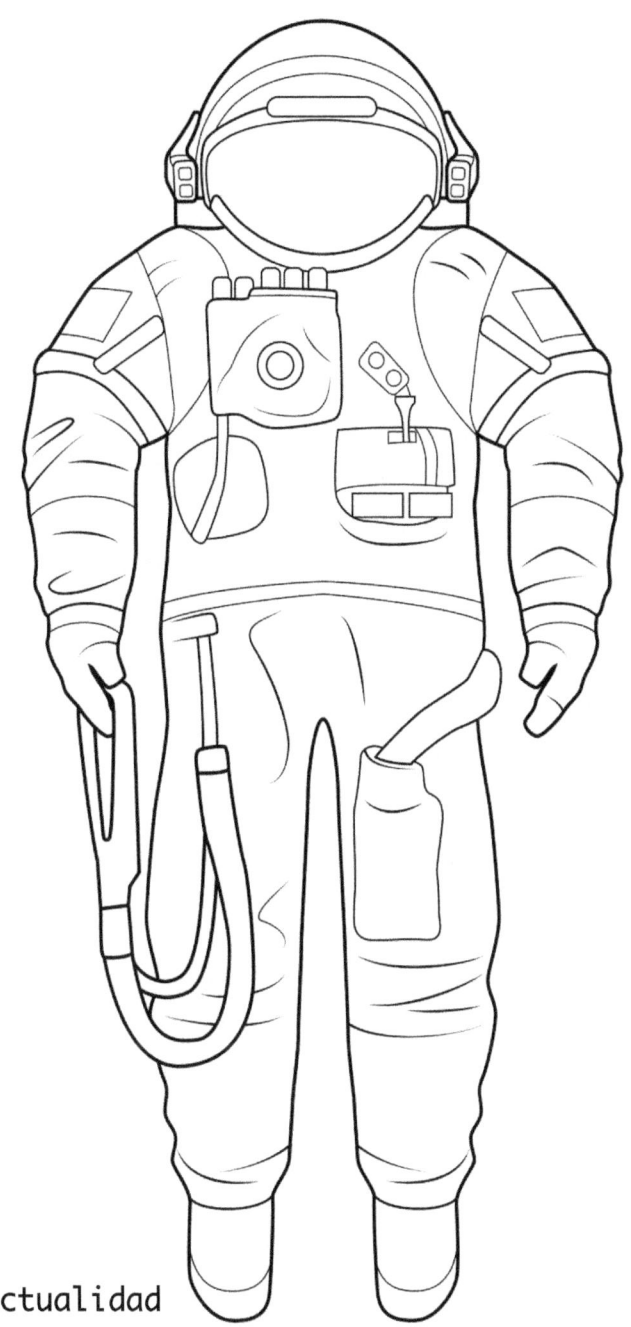

Origen: China

Fecha: 2008 - Actualidad

Misiones: Shenzhou 7

Función: Actividad extravehicular (EVA)

Dato: Modelado según el traje espacial ruso Orlan y usado en 2008 para la primera caminata espacial de China

Traje Espacial Feitiano

Traje Espacial SpaceX

Origen: EE.UU.

Fecha: 2020 - Actualidad

Misiones: Crew Dragon Demo-2 - Actualidad

Función: Actividad intravehicular (IVA)

Dato: Traje usado por astronautas en el programa SpaceX Commercial Crew

Traje Espacial SpaceX

Traje Espacial Boeing Starliner

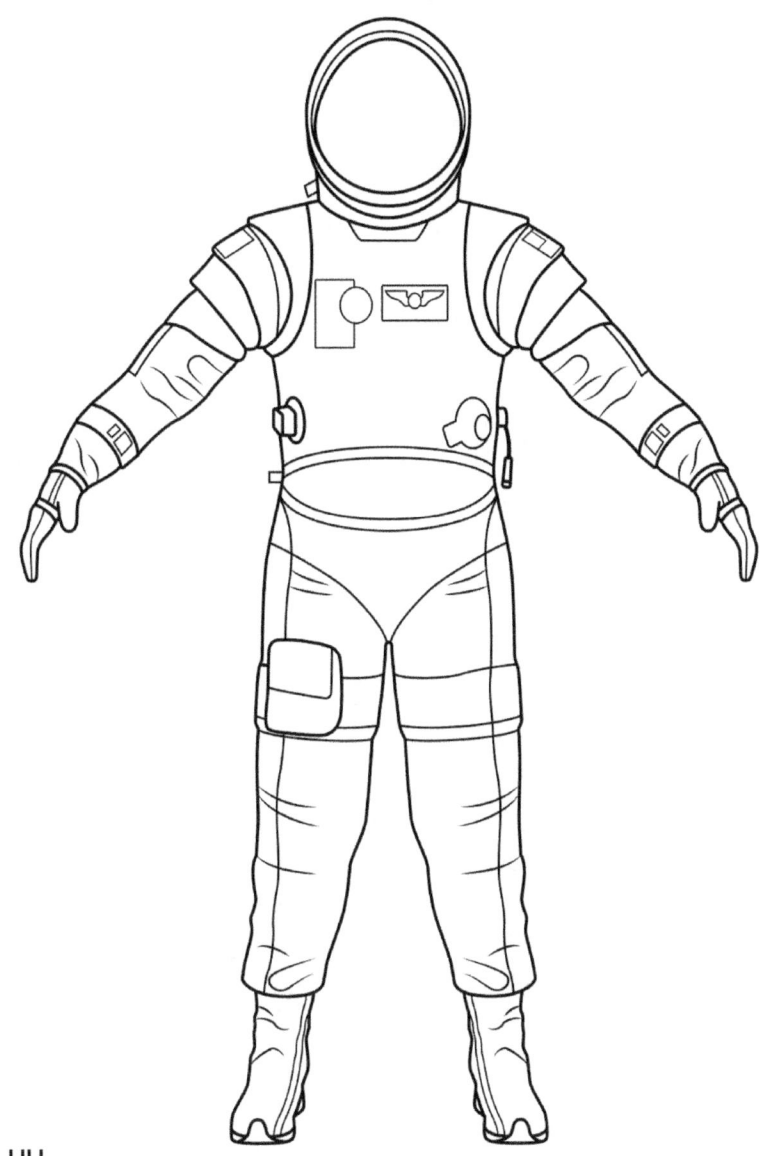

Origen: EE.UU.

Fecha: Propuesto para 2021

Misiones: CST-100 Starliner Commercial Crew

Función: Actividad intravehicular (IVA)

Dato: Cuenta con un casco de cierre de cremallera suave que contribuye a que el peso del traje sea aproximadamente un 40% más ligero que los trajes IVA anteriores

Traje Espacial Boeing Starliner

Sistema de Supervivencia de la tripulación Orion

Origen: EE.UU.

Fecha: Propuesto para 2024

Misiones: Misiones lunares Artemisa

Función: Actividad intravehicular (IVA)

Dato: Diseñado para permitir la supervivencia de hasta seis días, debido a la capacidad de permanecer presurizado durante aproximadamente una semana

Sistema de Supervivencia de la tripulación Orion

Traje Espacial xEMU

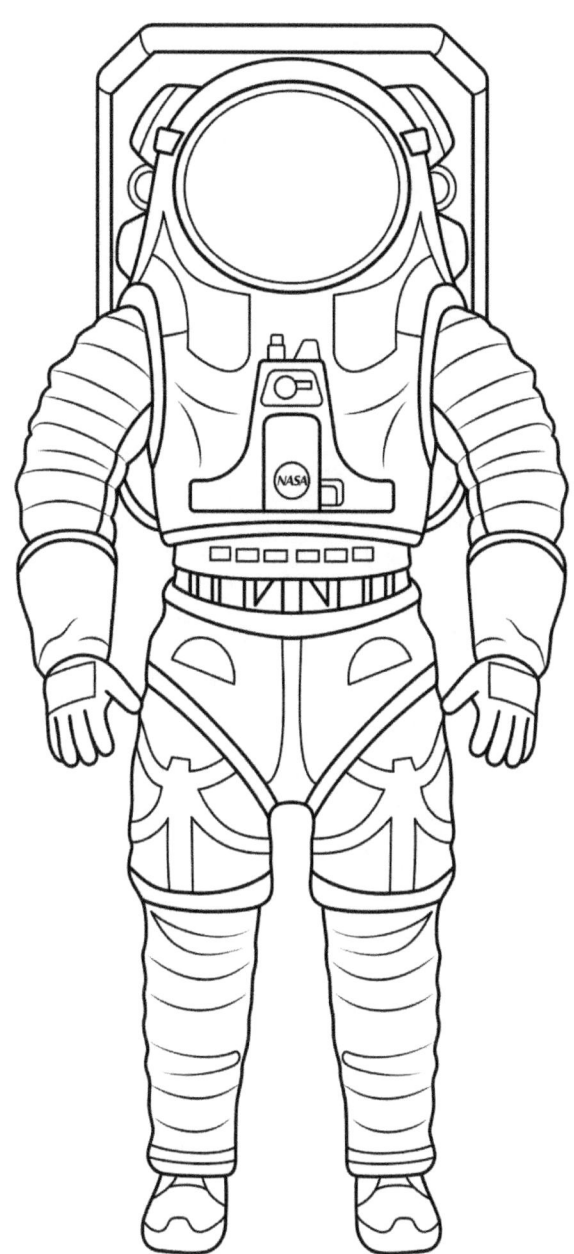

Origen: EE.UU.

Fecha: Propuesto para 2024

Misiones: Misiones lunares Artemis

Función: Actividad extra-vehicular lunar (EVA)

Dato: Traje propuesto para las primeras mujeres en usar en la superficie lunar durante las Misiones Lunares Artemis

Traje Espacial xEMU

Mis Diseños de Trajes Espaciales

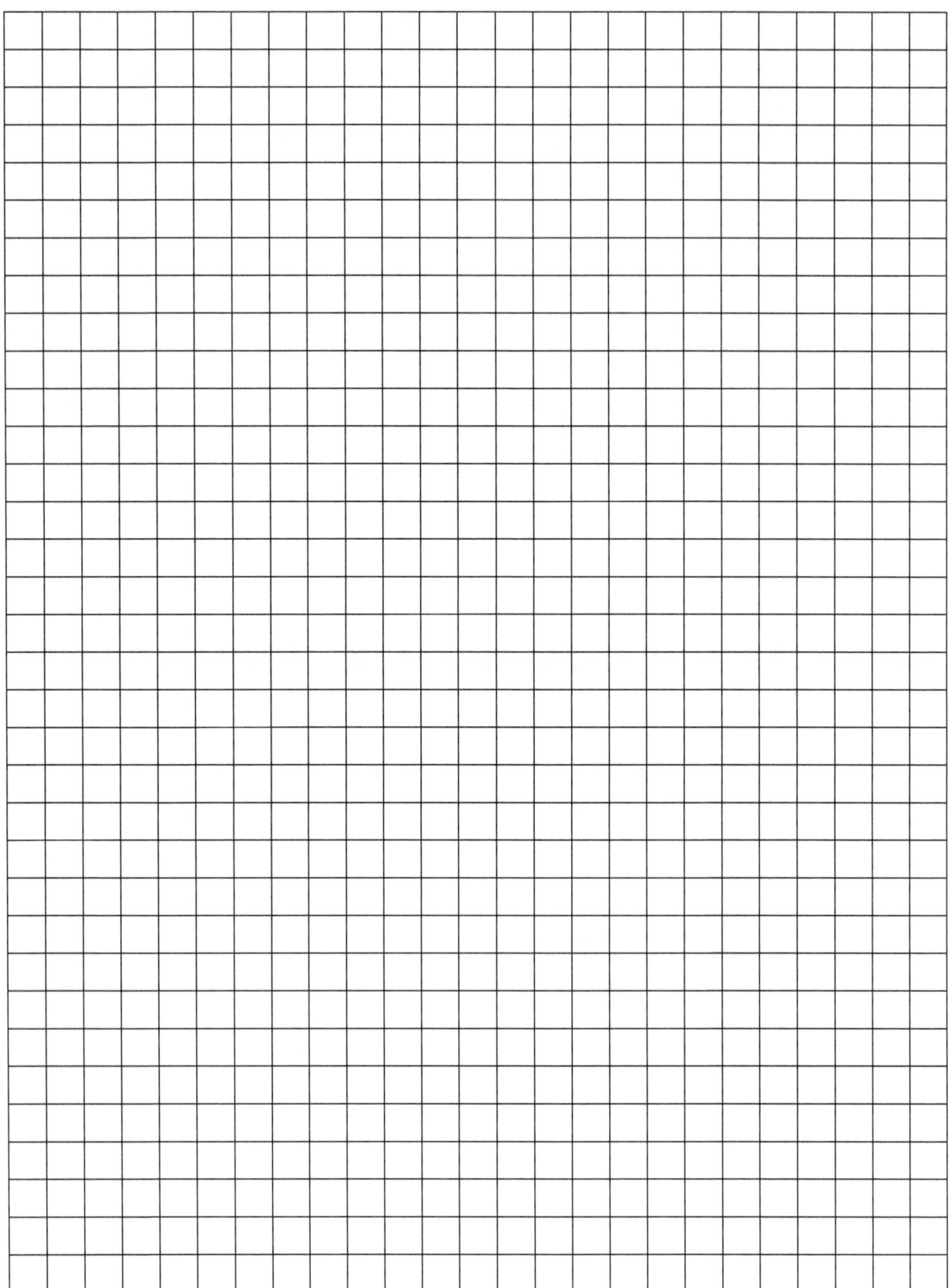

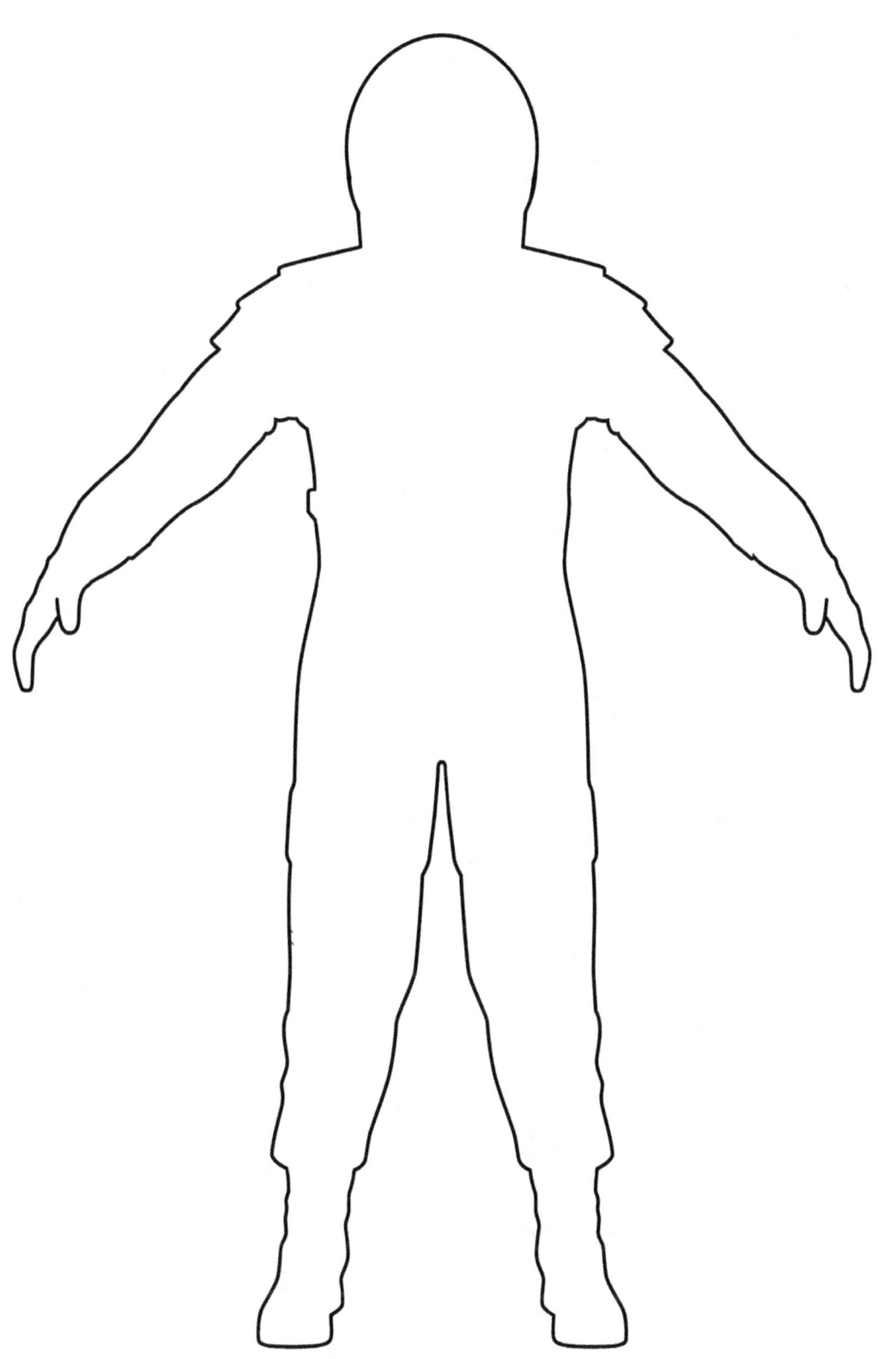

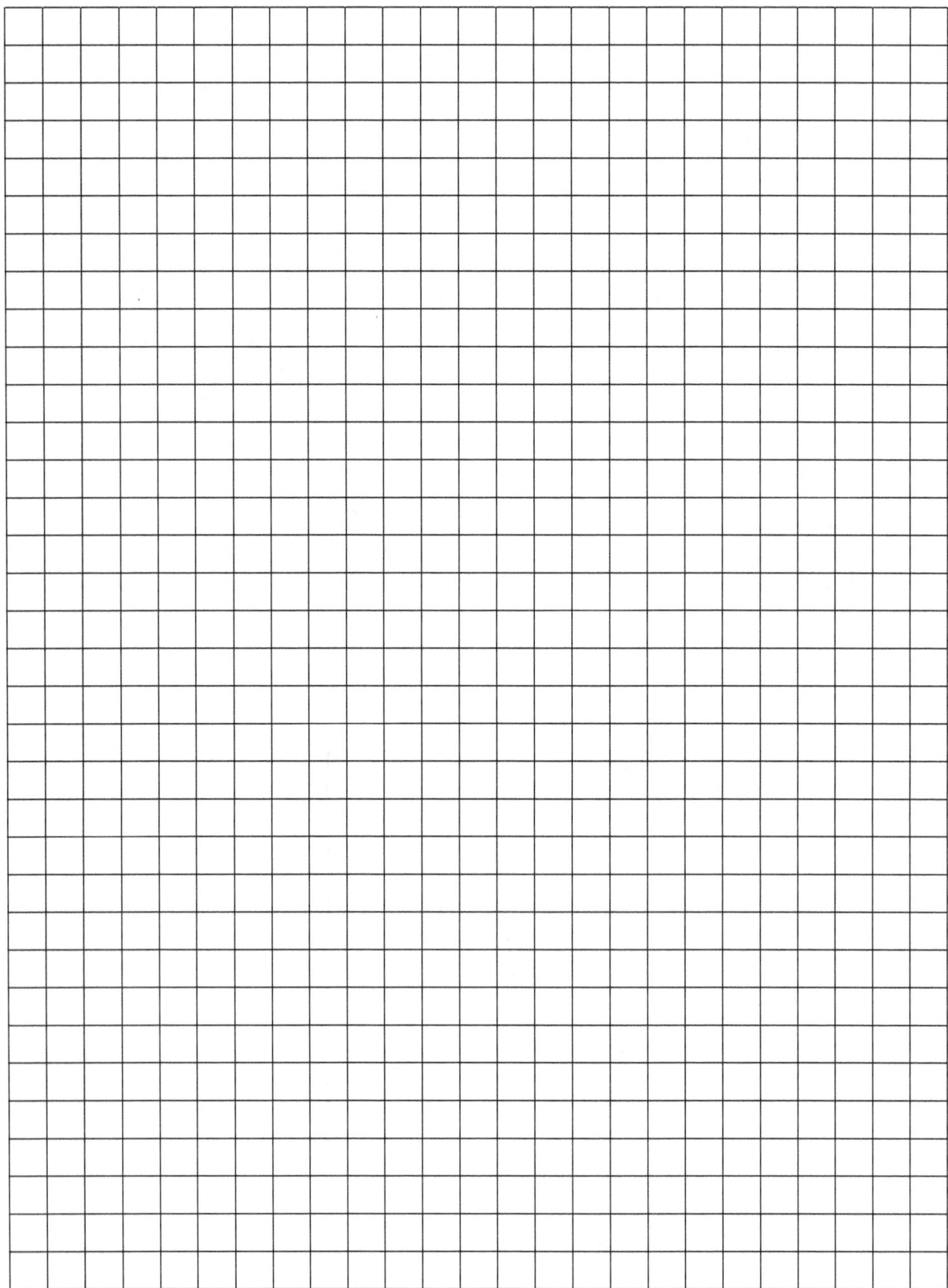

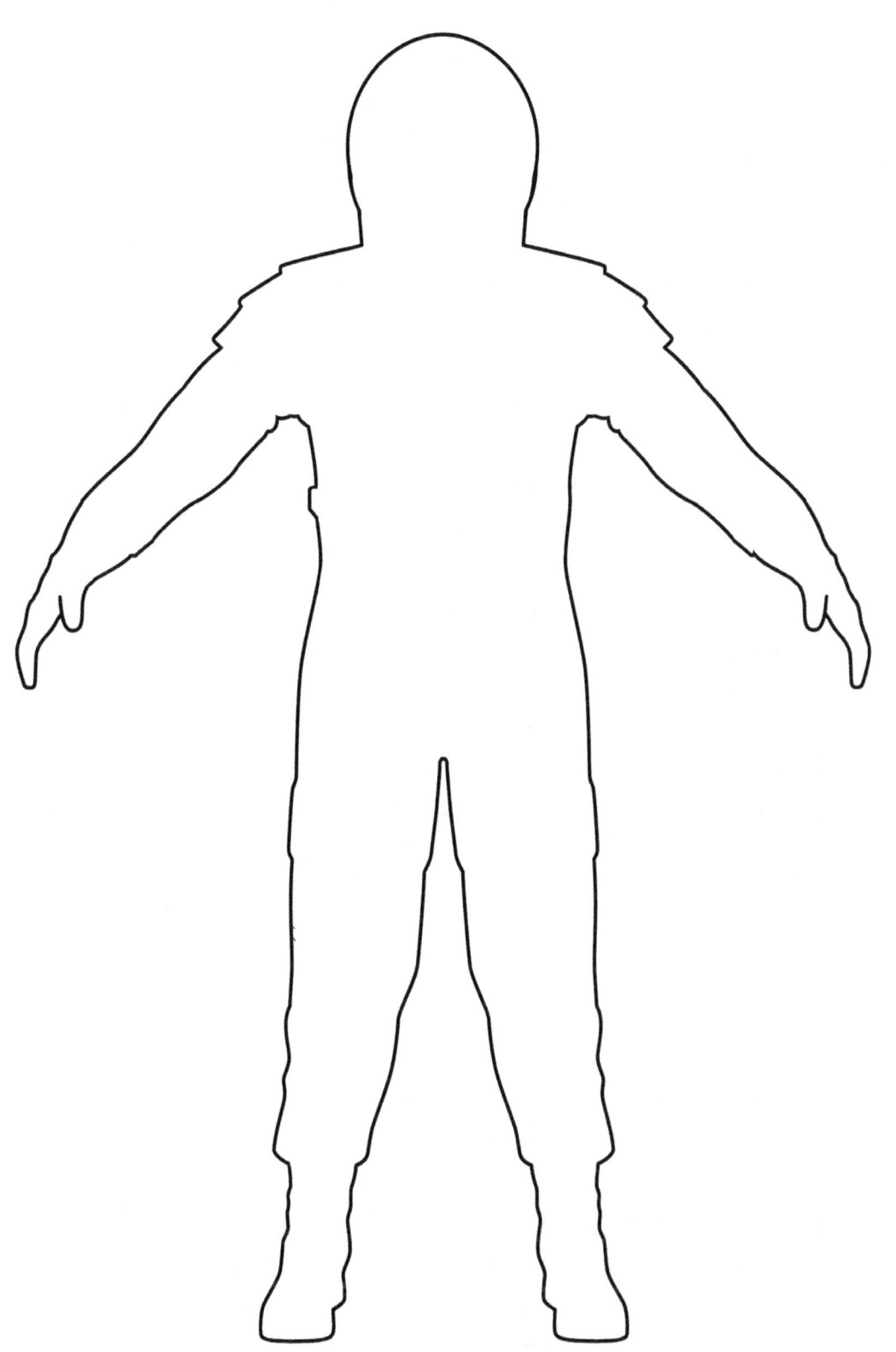

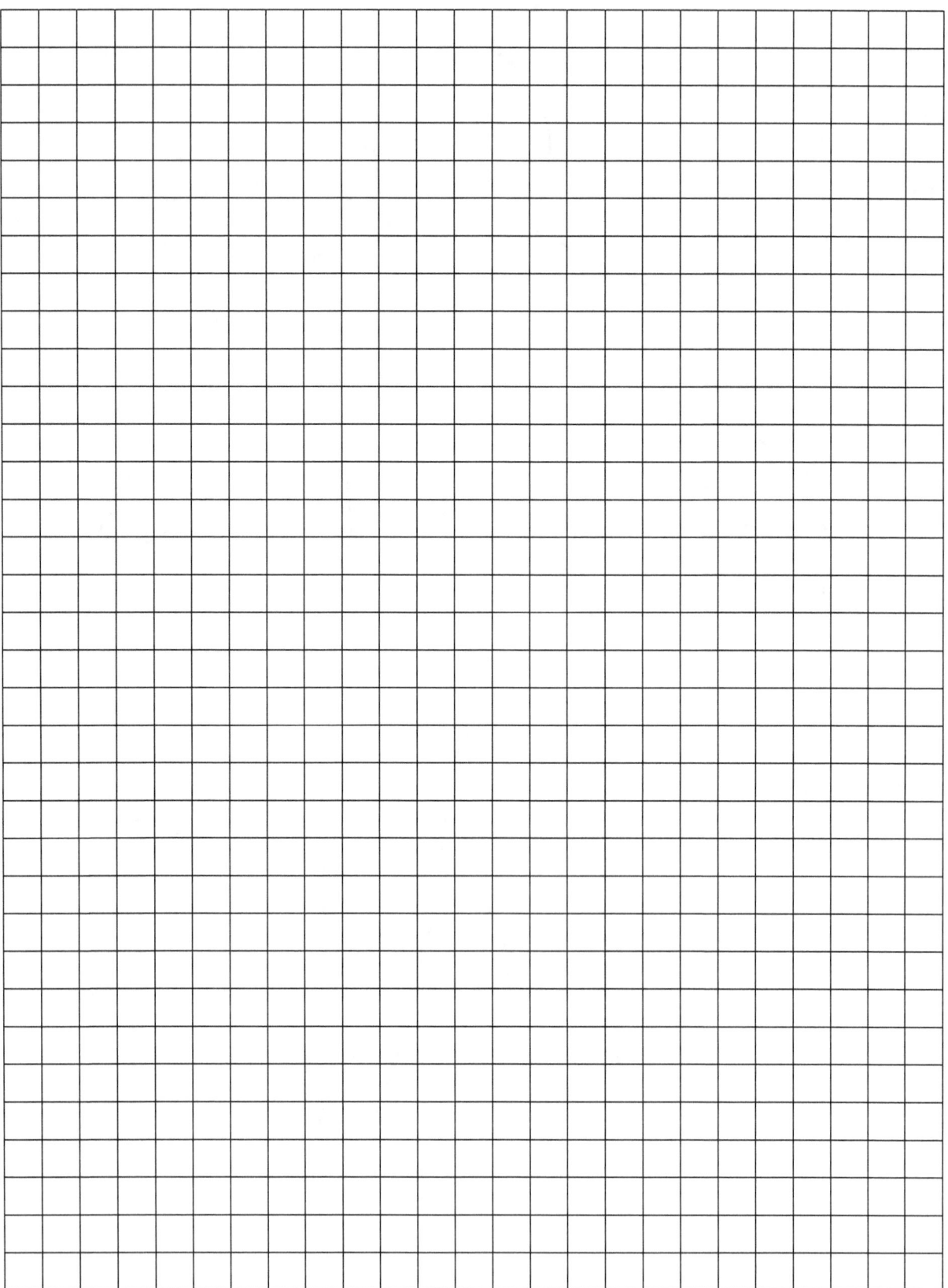

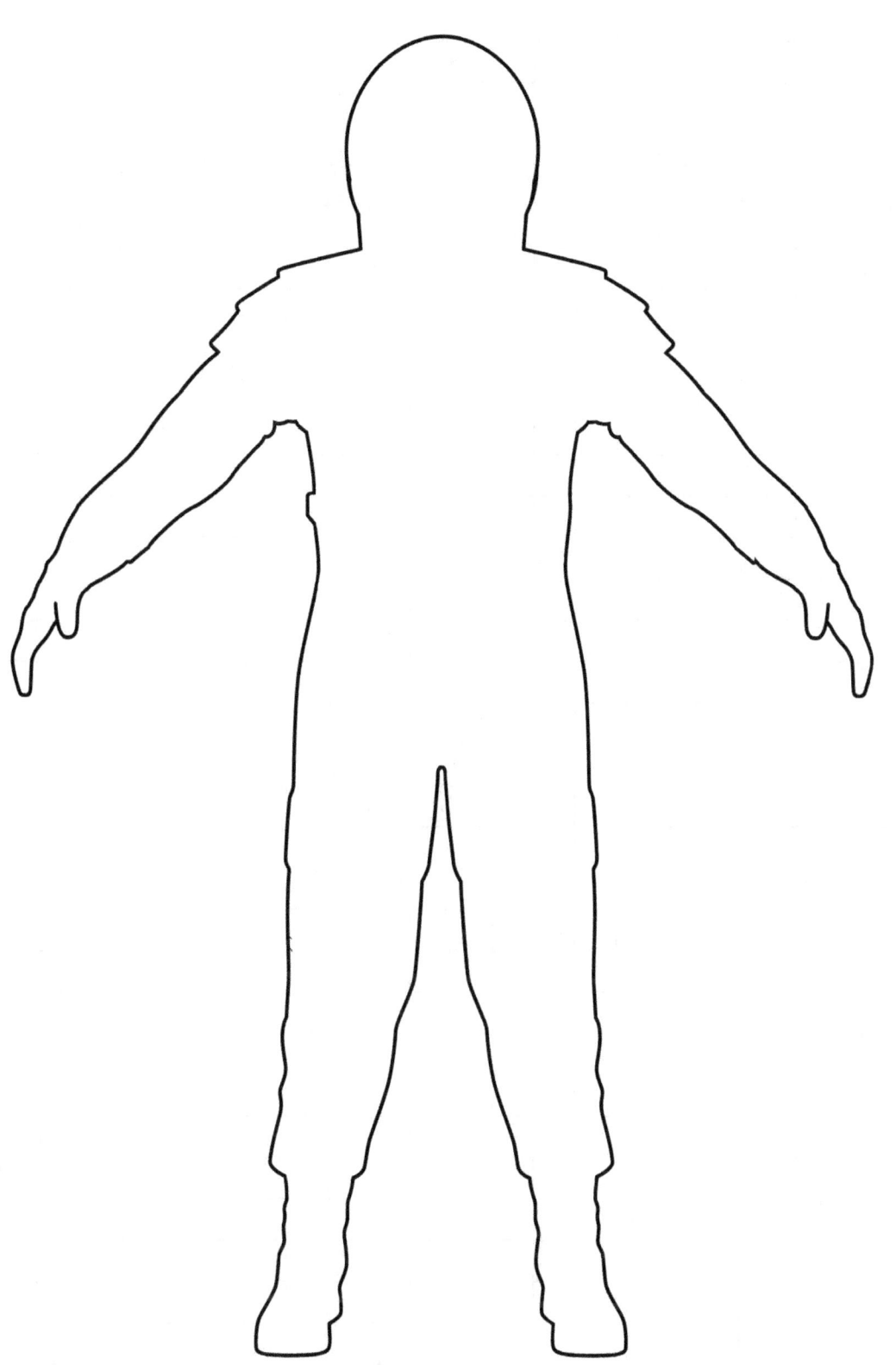

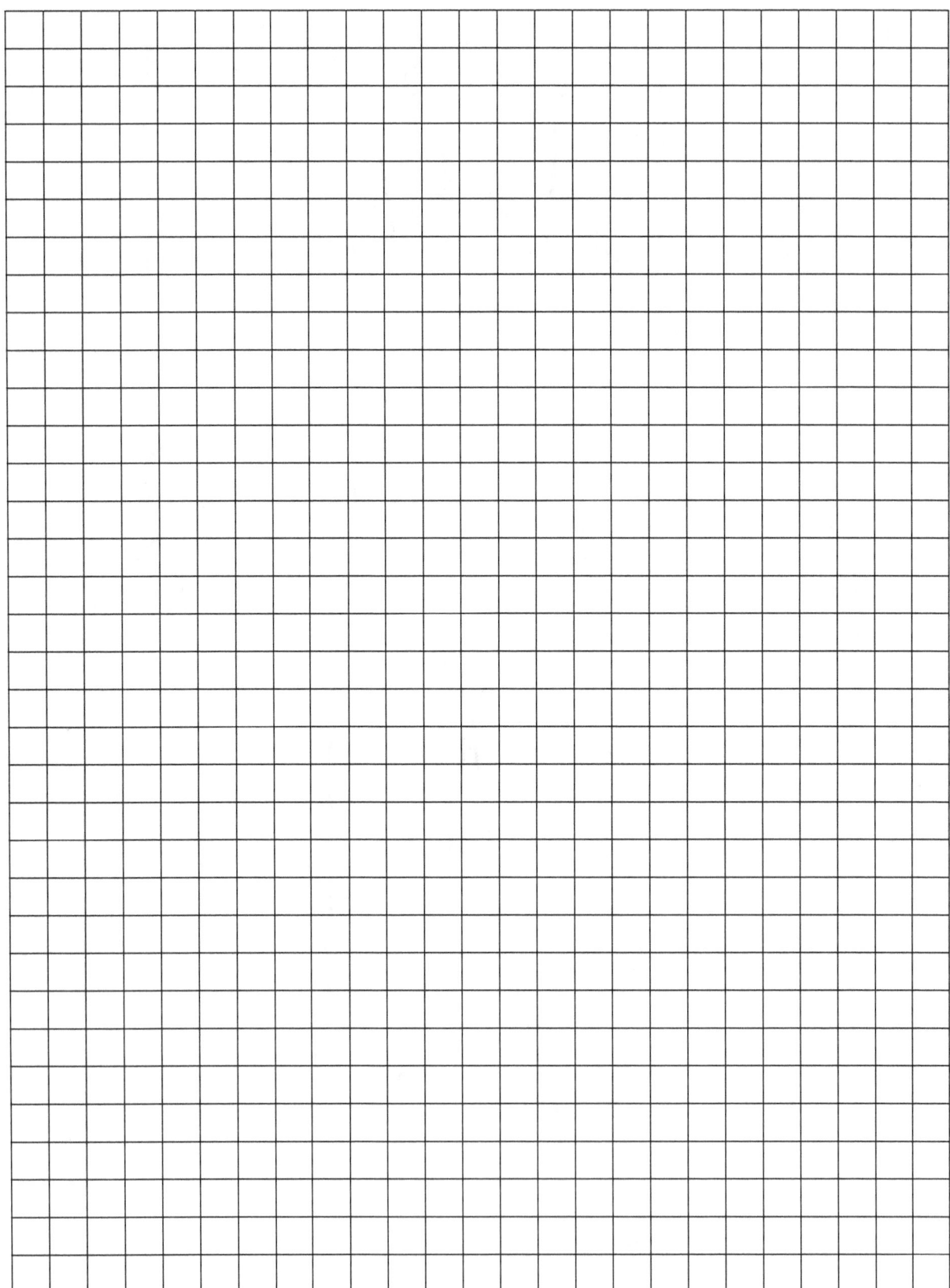

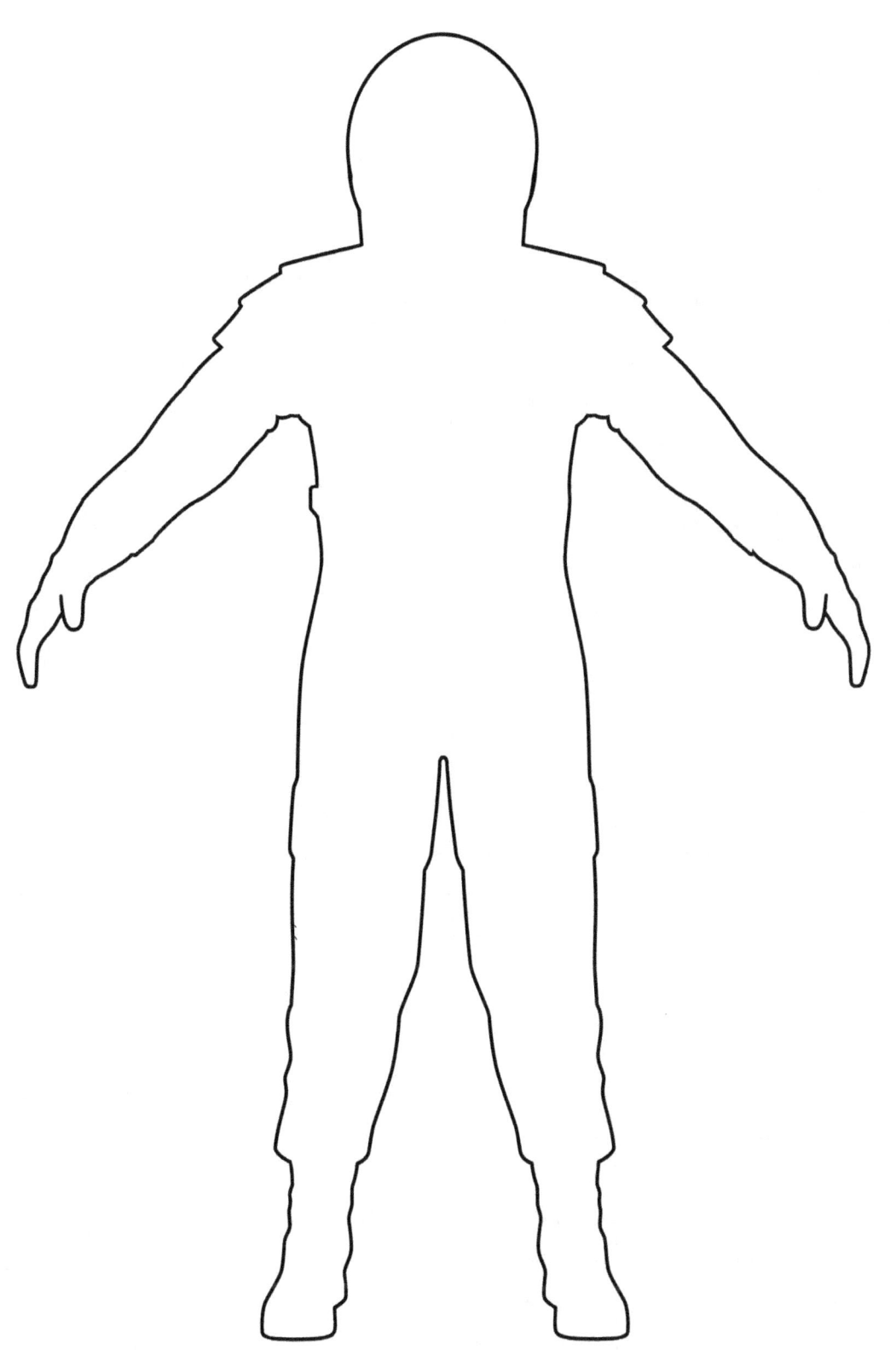

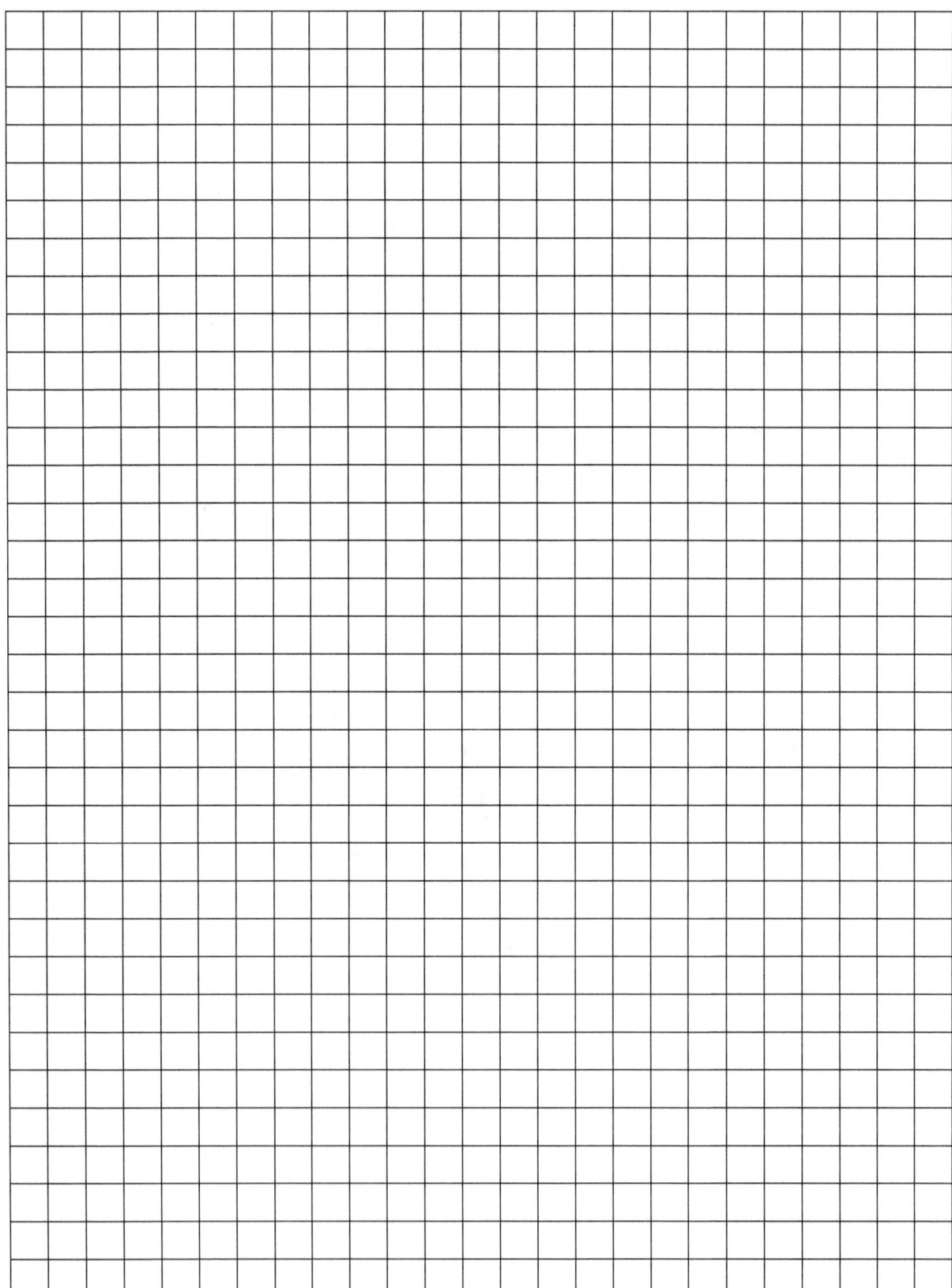

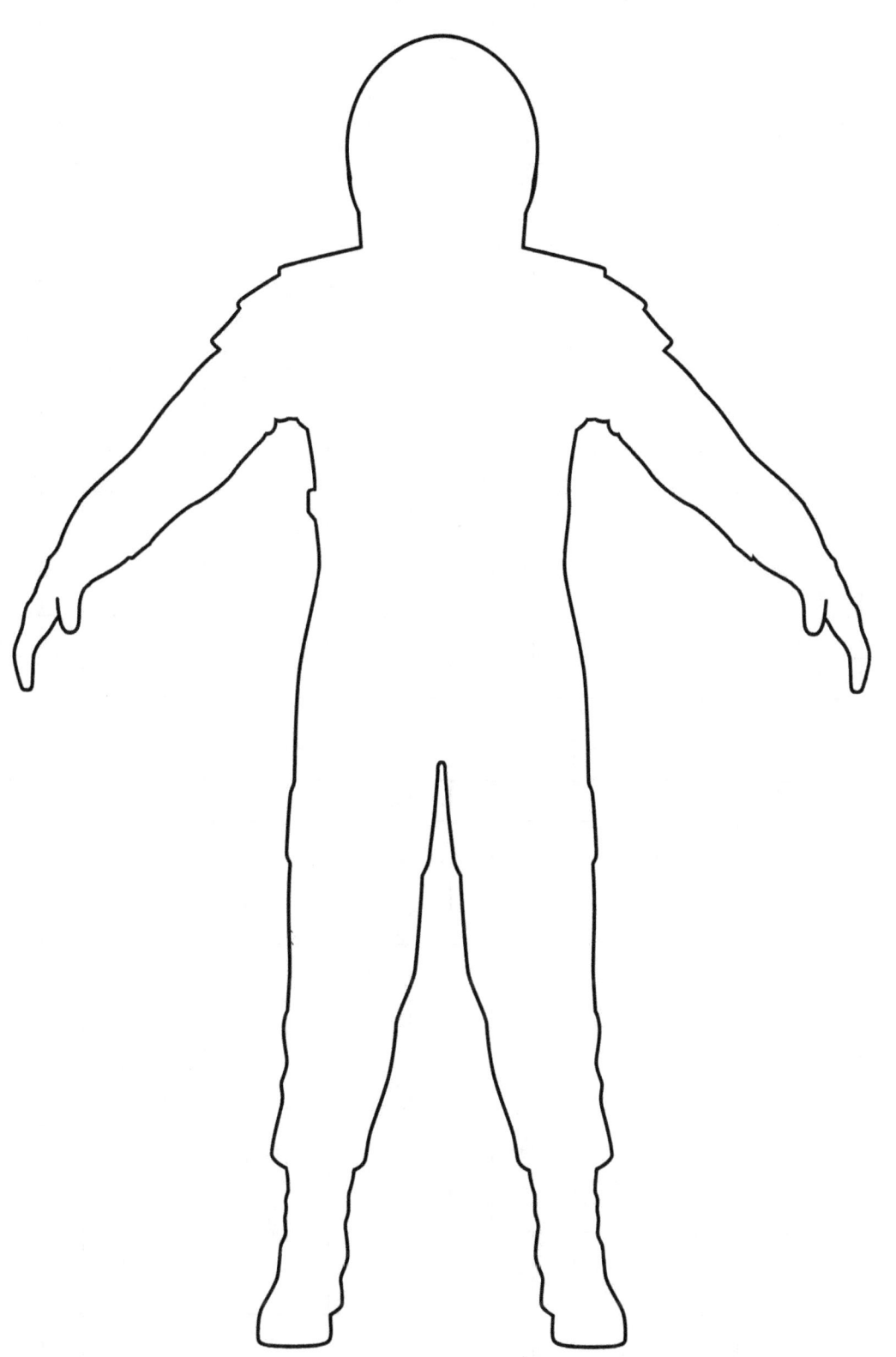

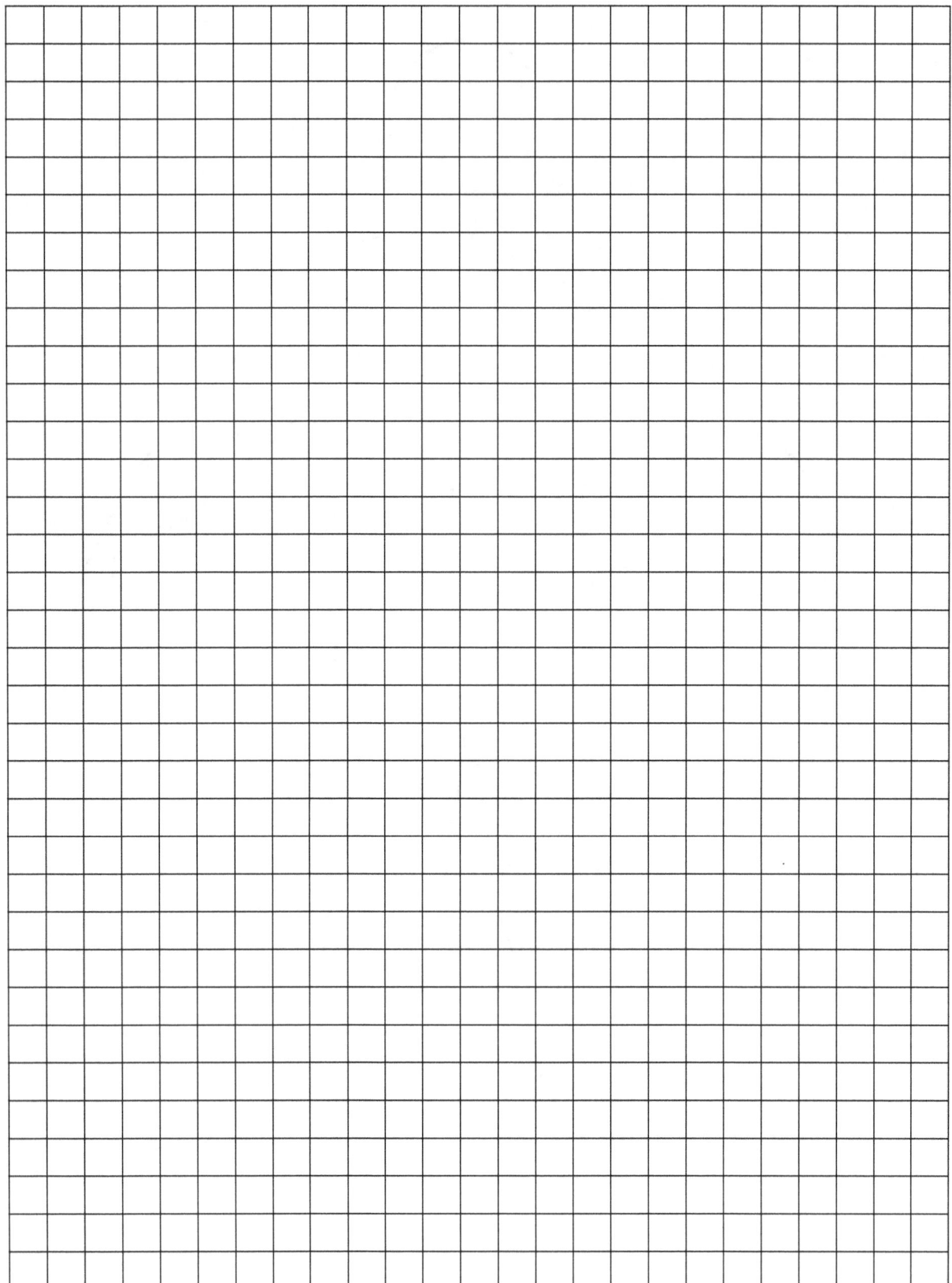

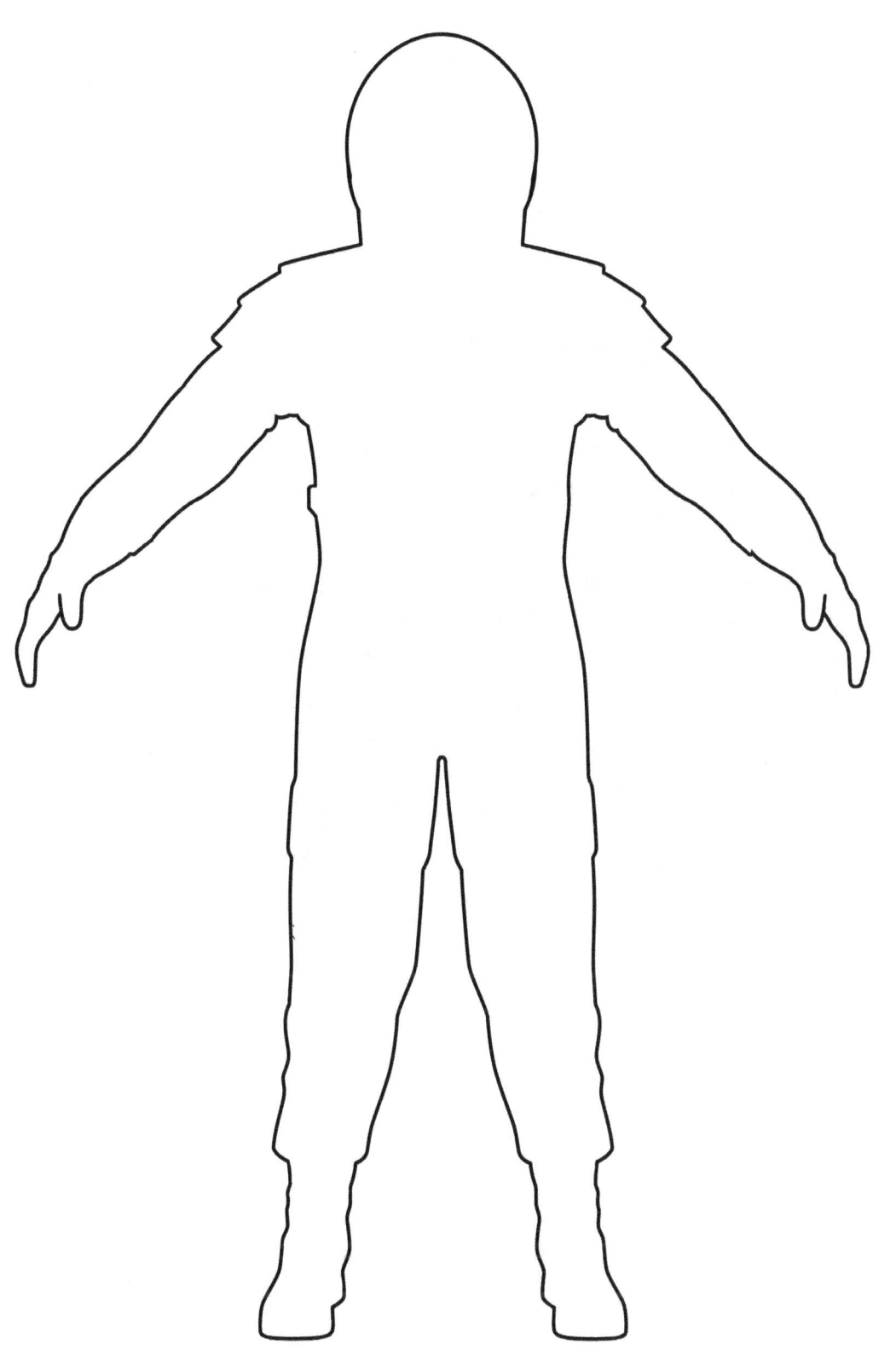

Referencias

1. *Thomas, Kenneth S.; McMann, Harold J. (November 23, 2011). U.S. Spacesuits. Springer Science & Business Media.*

2. *Isaac Abramov & Ingemar Skoog (2003). Russian Spacesuits. Chichester, UK: Praxis Publishing Ltd. ISBN 1-85233-732-X.*

3. *Chen, Lou (September 27, 2008). "Taikonaut Zhai's small step historical leap for China". Xinhua. Archived from the original on October 1, 2008. Retrieved October 1, 2008.*

4. *Boeing.com*

5. *SpaceX.com*

6. *NASA.gov*

www.ingramcontent.com/pod-product-compliance
Lightning Source LLC
Chambersburg PA
CBHW081510080526
44589CB00017B/2723